# 踏まれても
# 立ち上がらない
# ことにした

## 雑草が教えてくれた
## がんばらない生きかた

駒草出版

# まえがき

## 誰よりも、私が雑草の生きかたに救われたのです

大学生のときに、雑草学という学問に出会いました。

しかし、本当の意味で雑草に魅了されたのは、大人になってからでした。

昔から植物が好きだったわけでもありませんし、むしろ高校の生物の授業はいつも赤点ばかりでした。

そんな私が、どうして雑草の生きかたを研究するようになったのか。

お話させていただこうと思います。

私は、雑草どころか、温室育ちのメロンのように生きてきました。

県内で偏差値一位の高校、そして国立大学に入学、さらには就職活動でも第一志望の企業に内定をもらい、周りから見れば、絵に描いたような順風満帆な人生を歩んできました。

歯車が狂い始めたのは、就職して半年間の研修期間が終わった後です。

やっと社会人としてもひとり立ちだ、と思った頃でした。

慣れない仕事に加え、得意先からの商品クレーム、深夜まで続く飲み会。

体も心も疲弊していた頃、営業先に向かうために電車に乗ろうとした、そのときでした。

駅のホームで足が一歩も動かなくなってしまったのです。

何もないのに涙が出てきました。

「全部、なかったことにしたい」

「このまま線路に飛び込んで死んでしまいたい」

そんな考えばかりが、頭の中を占めてしまうのです。

それから、電車に乗ることができなくなりました。

ホームに立つと足がすくみ、電車を見ると体が言うことを聞かなくなってしまったのです。

そんな状況を見かねた友人にすすめられ、病院で診療を受けることになりました。

診断名は、『適応障害』でした。

すぐに会社を休職するように、と言われてしまったのです。

そんなときに、ふと、
大学で雑草学を教えてくれた先生のことを思い出しました。

「もうダメかもしれません。

雑草のようにがんばれなくて、すみません」

そんな泣き言をメールで送ってしまったのです。


すぐに、先生から返信がありました。

「雑草は踏まれたら立ち上がりません。
無駄な戦いをしないこと。それが雑草の戦略です」

ハッとしました。
私は今、踏まれて立ち上がろうと無理にもがいてしまっているんだ、と。

いろいろなことを考えすぎる必要はありません。
いつでも自分の花を咲かせることだけでいいのです。

それから私の生きる道しるべは、雑草の生きかたです。
この本は、がんばりすぎているあなたに、雑草たちの「のんびりライフ」を伝えたいと書いた本です。

稲垣　真衣

# 目次



## chapter 1
## 雑草ののんびり

## chapter 2
## 雑草の生きかた

# 雑草のつながり



chapter 3

chapter 4

## 雑草の大切

# プロローグ

# 雑草たちの、ものがたり

「雑草」に対して、どのようなイメージを持っていますか。

雑草は「アスファルトのすき間でがんばっている」や「誰かに褒められなくてもきれいな花を咲かせている」

そんなイメージが浮かぶかもしれません。

「雑草魂」という言葉や、ド根性にがんばっている姿から、雑草みたいにがんばれとか、雑草みたいにがんばろうと思っていませんか。

下を向いてじっくりと雑草の生きかたを観察してみると雑草はド根性に生きているわけではないことがわかります。

実は、雑草はアスファルトのすき間でがんばっているわけではありません。
アスファルトのすき間が心地よくて、わざわざそこで生きているのです。

誰のためでもない、自分のために、その場所で花を咲かせているのです。

雑草は意外にも、自分の好きなように、生きているのです。
そして、生きることをのんびり楽しんでいるようにも見えます。

がんばらなくていい。そのままでいい。

足もとの雑草たちは、そんなメッセージを送ってくれているようです。

さあ、雑草たちの「のんびりライフ」をのぞいてみましょう。

chapter 1

# 雑草の のんびり

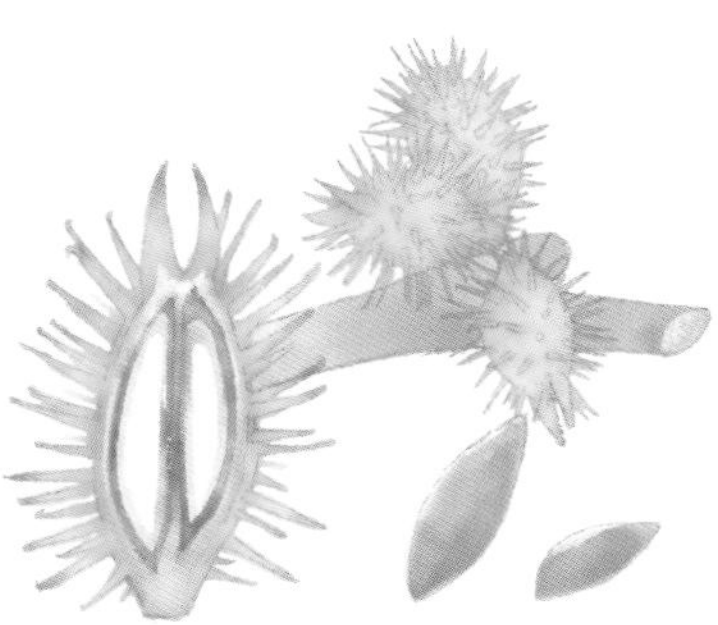

のんびり

# 01 置かれた場所で芽を出さない

「置かれた場所で咲きなさい」

そんな、有名な言葉があります。

ノートルダム清心学園の渡辺和子先生の言葉です。

この言葉がタイトルになった「置かれた場所で咲きなさい（幻冬舎）」は、ベストセラーになりました。

与えられた環境でもあきらめることなく、最善を尽くせば、幸せになることができます。

そして、どんな場所でも花を咲かせることができるということでしょう。

だけど、私には、この言葉が、とてもつらく、重たく感じられるときがありました。

置かれた場所でがんばってもがんばっても花を咲かせることができず、もがき、苦しんでいたことがあります。

精いっぱいでがんばっているのに、それでもまだ「置かれた場所で咲きなさい」と言われるのは、すごくつらかったのです。

植物は動くことができません。

置かれた場所で咲くしかありません。

本当に置かれた場所で咲くしかないのでしょうか。

雑草は違います。

置かれた場所で無理に咲くようなことはしないのです。

どういうことなのでしょうか？

野菜は、人間が水をやり、肥料をやり、大切に育ててくれます。
人間に蒔かれたその場所こそが花を咲かせ、実るのにふさわしい場所なのです。

一方、雑草は誰も世話をしてくれません。自分で生きるしかないのです。
置かれた場所で花を咲かせようとがんばっても、雨が降らなければ萎《しお》れてしまいますし、季節を間違えれば寒さに枯れてしまいます。

**そのため雑草は、置かれた場所が生きるのに苦しいと思えば、芽を出すことをやめてしまうのです。**

**雑草は、「置かれた場所で芽を出さない」のです。**

植物のタネは、水と空気と温度の三つの条件が揃えば芽を出します。

だけど、雑草は違います。

雑草は自分が生きていくのに適した環境かどうかを、土の中で見極めています。今がふさわしい時期ではないと思えば、他の条件が揃っていても芽を出さないのです。

水と空気と温度の三つが揃っていても芽を出さない雑草のタネのしくみは「休眠」と呼ばれています。

つまりは、「休んで眠る」です。

置かれた場所で芽を出さない、雑草の強さのひみつです。

雑草は環境を選ぶことはできません。

置かれた場所で花を咲かせるしかありません。

それを知っているから、雑草は置かれた場所で芽を出さないのです。

ふさわしくない場所で、
どんなにがんばっても
それは苦しいだけです。
いつかそこが、
あなたにとって
ふさわしい場所になります。
無理して芽を出そうと
しなくていいんです。

zzz…

のんびり

02

# ゆっくりマイペース

「なかなか芽が出ない」

そんな皮肉を言われたことはありませんか。

しかし、雑草は、なかなか芽を出しません。


そもそも芽を出さなければダメなのでしょうか。

「芽が出ない」というのは、人間の都合にすぎません。


野菜は、人間の都合のいいように改良されています。

人間がタネを蒔けば、すぐに芽を出してきます。

野菜は、芽を出せば人間が世話をしてくれますから、人間の言うことを聞いていればよいのです。

だけど、雑草は違います。


雑草を育てたことがありますか?

勝手に生えてくる雑草も、いざ育てようとすると、意外と難しいものです。

なにしろ、雑草はタネを蒔いても簡単には芽を出してくれません。

野菜のタネは、蒔けばすぐに芽を出してくるのに、雑草は水をやっても、芽を出すとは限りません。


**人間が世話をしてくれる野菜と違って、雑草は自分で生きていくしかありません。**

芽を出す時期は、自分で決めるしかないのです。

雑草はけっしてあわてません。

あわてて芽を出して、うまくいくとは限らないからです。


土の中にはたくさんの雑草のタネがありますが、どれもマイペースです。

そのマイペースな雑草のタネが、少しずつ少しずつ芽を出してきます。

雑草が、すぐに生えてくる理由は、土の中に眠る無数のタネが「少しずつマイペース」に芽を出しているからなのです。


何事ものんびりゆっくりマイペース。

あわてず、いそがず、少しずつ、少しずつ。

それが雑草の強さなのです。

誰かの都合に合わせず
あなたはあなたのペースでいいのです。

のんびり

# 03 どちらも正しい

雑草のタネはどれもマイペースです。

ひっつきむしの別名で知られるオナモミは、とげとげした実の中に二つのタネが入っています。

一つは、いそいで芽を出すせっかち屋さん、もう一つは、ゆっくりと芽を出すのんびり屋さん。

早く芽を出すタネと、ゆっくりと芽を出すタネは、どちらが優れているのでしょうか。

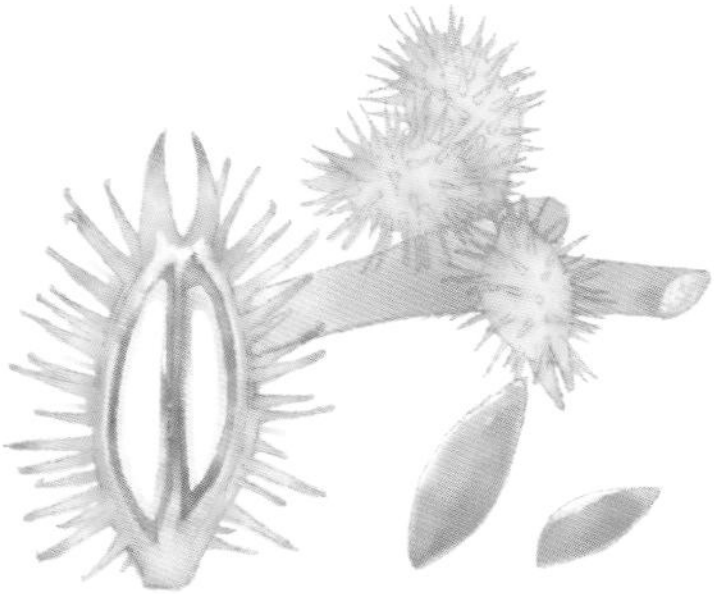

早く芽を出した方がいいかもしれませんし、ゆっくり芽を出した方がいいかもしれません。
もし、早く芽を出す方がよければ、雑草は早く芽を出すタネばかりを作ります。
もし、ゆっくりと芽を出す方がよければ、雑草はゆっくりと芽を出すタネばかりを作ります。

どちらが正しいかは、誰にもわかりません。

**どちらが正しいかわからないのであれば、どちらか一方を選ぶことは間違いです。**

選ばないことが正しいのです。

そのため、オナモミは早く芽を出すタネと、ゆっくり芽を出すタネの両方を持っているのです。

どちらが正しいとか、どれが正しいとか、本当は誰にもわかりません。
いろいろあることが大切なのです。

「早く芽を出せ」と言う人がいるかもしれません。
「あわてて芽を出すな」と言う人がいるかもしれません。
早く芽を出しても、ゆっくり芽を出してもいいのです。

**雑草は、それぞれが違います。
みんなが自分らしく、それぞれが
マイペースだからいいのです。**

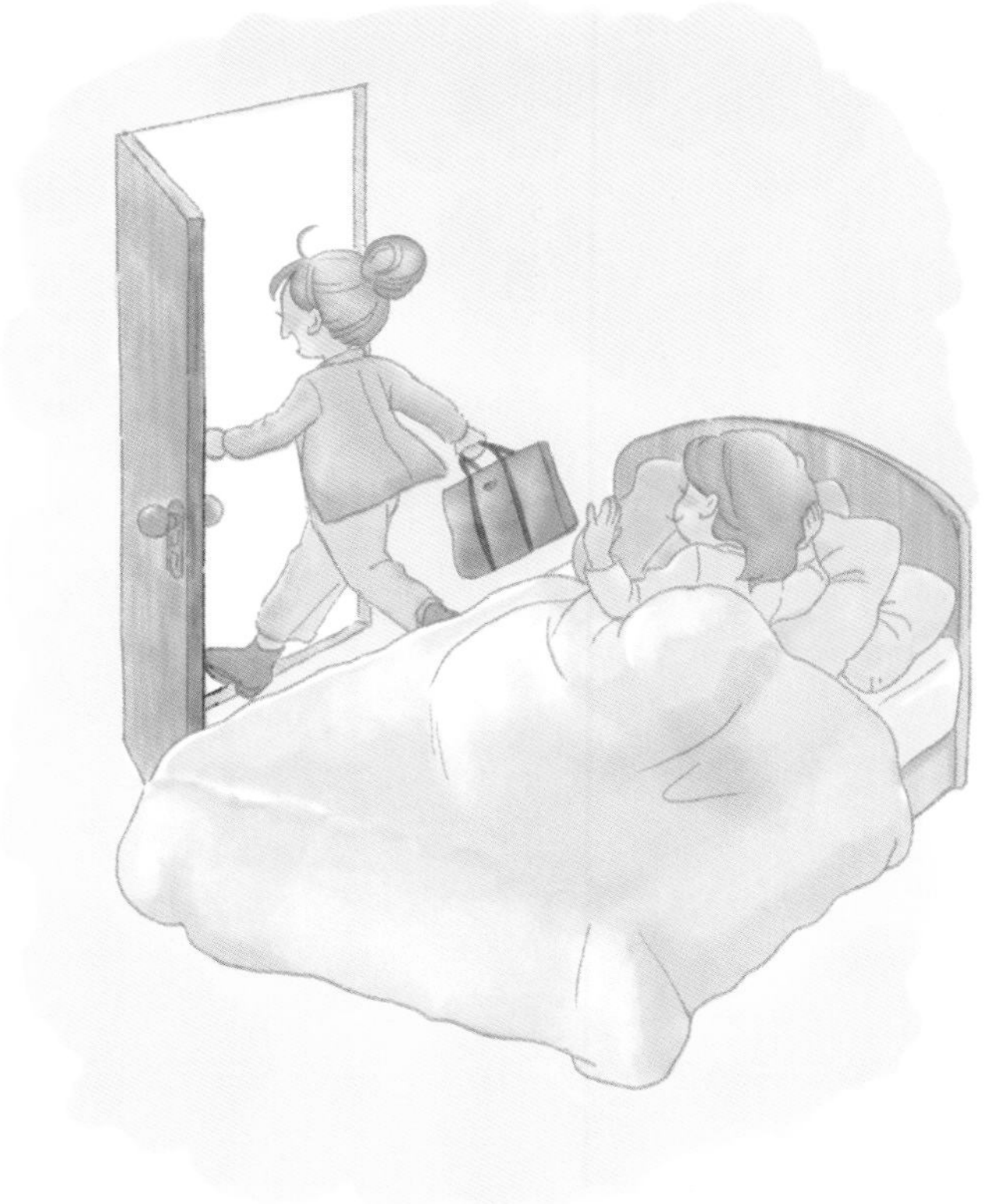

のんびり

# 04 競争することが大切ですか？

私たちは小さい頃から、周りと競い合うように生きてきました。

テストの点を競い、足の速さを競い、背の高さまで競い合いました。

ときには一等賞を取って喜び、ときには負けてくやしい思いもしてきました。

競争によって、私たちは成長をしてきました。

大人になった今も、私たちは常に競い合っています。

そして、勝ったり負けたりしています。


それだけでは、ありません。

「大変でしょう」「忙しそうですね」

私たちは、よくそう声をかけ合います。

まるで、大変で、忙しくなければならないように。

私たちは競い合って大変であろうとします。そのうえ忙しさを競い合います。


**大変でなければ、いけないのでしょうか。**

**忙しくなければいけないのでしょうか。**

**楽しんでいてはいけないのでしょうか。**

**のんびりではいけないのでしょうか。**

植物たちが忙しそうに競い合っている場所は森です。

森の木々たちは、わずかでも隣の木より高く伸びようと、背比べをしています。他の木々に劣れば、生きるのに必要な光を浴びることができません。少しでも高く伸びなければならないのです。

植物たちにとって森は、勝つか負けるか、生きるか死ぬかの、激しい競争の場所なのです。

しかし、競争の激しい森から一歩外に踏み出してみたらどうでしょう。

森の外には、光あふれた場所が広がっています。

そんな場所では小さな雑草たちが、太陽の光をいっぱいに浴びているのです。

広い世界を見渡せば、森がすべてではないことに気づかされます。

むしろ、外から見れば、森は小さな狭い世界です。

雑草たちを見てください。
森の外の世界で
広々とした世界で、
太陽の光をいっぱいに浴びて生きています。

森の中にいると、森の外のことはわかりません。
競争することに夢中になっていると、競争のない世界が目に入りません。

ほら、誰かと
比べなくたって
いいんです。

のんびり 05

# 雑草は強くない

「雑草は強い」

もしかしたら、そう思っていませんか。

実は雑草は強くありません。

それどころか、「雑草は弱い植物である」とさえ言われています。

なんだか、拍子抜けするかもしれません。

では、雑草は強くなければダメなのでしょうか。

弱くてはダメなのでしょうか。

人間がどう言おうと、雑草は気にせず花を咲かせています。

**雑草は弱い存在です。**

雑草の生きかたを観察していると、雑草自身がそのことをよく知っているような気がします。

だから強がるようなことはしません。

強そうなふりをすることもしません。

背伸びをすることもなければ、自分を大きく見せようとすることもしません。

雑草は、あるがままに生きています。

それだけなのです。

その姿が強く見えるとしたら、それは雑草が自分自身の弱さを知っているからかもしれません。

雑草は自分の弱さを
知っています。
強そうに見せなくたって
いいんです。

のんびり

06

# 苦手から逃げたっていい

「雑草は強くない」と言われても、なんだかピンときません。
私たちの周りの雑草は、強そうに見えるからです。

「雑草が強くない」ってどういうことなのでしょうか？
そもそも、「強い」って何なのでしょうか。

雑草が弱いと言われるのは、競争に弱いという意味です。
植物は、光を奪い合って激しい競争をしています。
競争に勝つためには、他の植物に負けない頑丈さや、背の高さを持つ必要があります。

雑草は、この競争に弱いのです。

しかし、競争に勝つことばかりが強さではありません。

**吹き荒れる風をしなやかにかわす「強さ」もあります。**

**降りかかる逆境を乗り越えていく「強さ」もあります。**

雑草は競争に弱い植物です。

強い植物には、とてもかないません。

雑草は幹が太く頑丈な、背の高い植物なんかとは戦おうともしません。

競争の場所から逃げているのです。

それが雑草の強さです。

雑草は、自分が強い植物ではないことを知っています。
自分の弱さを知っているから、本当の自分の強さを見つけることができたのです。

苦手なところでがんばる必要はありません。

**強そうに見える雑草も、**
**競争から逃げ出しています。**
**ほら、苦手からちょっと**
**逃げ出してみませんか。**

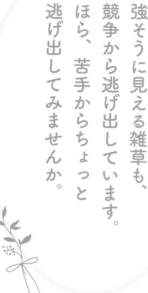

のんびり

# 07 雑草はがんばらない

「雑草のようにがんばろう！」

そう思うことがあるかもしれません。

「雑草魂」という言葉がありますが、雑草は歯を食いしばってがんばるようなことは、けっしてしません。

アスファルトのすき間に雑草が小さな花を咲かせています。

「こんなところで、がんばって花を咲かせている」

けなげな姿に、励まされることがあるかもしれません。自分の姿を重ね合わせて、がんばらなきゃと奮い立たせることがあるかもしれません。

立ち止まって、アスファルトに咲く雑草を見てください。

**雑草にとって、アスファルトのすき間は、居心地のいい場所なのです。**

道路に降った雨は、すき間に流れ込んでいきます。

そして、アスファルトの下で潤った土は、なかなか乾きません。

植物が生きていくためには水が必要です。

乾いた都会の環境で、アスファルトのすき間は、水に困らない場所なのです。

しかも、アスファルトのすき間に生えた雑草は、誰も抜こうとはしません。

抜かれても、雑草の根っこはアスファルトの下にしっかりと張られていますから、すべての根っこまで抜かれることはありません。

草取りもされない快適な場所なのです。

アスファルトのすき間に咲く雑草を見て、無理にがんばろうとしていませんか？

「がんばれ！」「負けるな！」「やればできる！」「歯を食いしばれ！」

どうして？

競争に負けても、がんばらなくても、いつか花さえ咲けば、それでいいと思いませんか。

雑草だって、
歯を食いしばって
がんばっている
わけではありません。
無理して
がんばらなくても
いいんです。

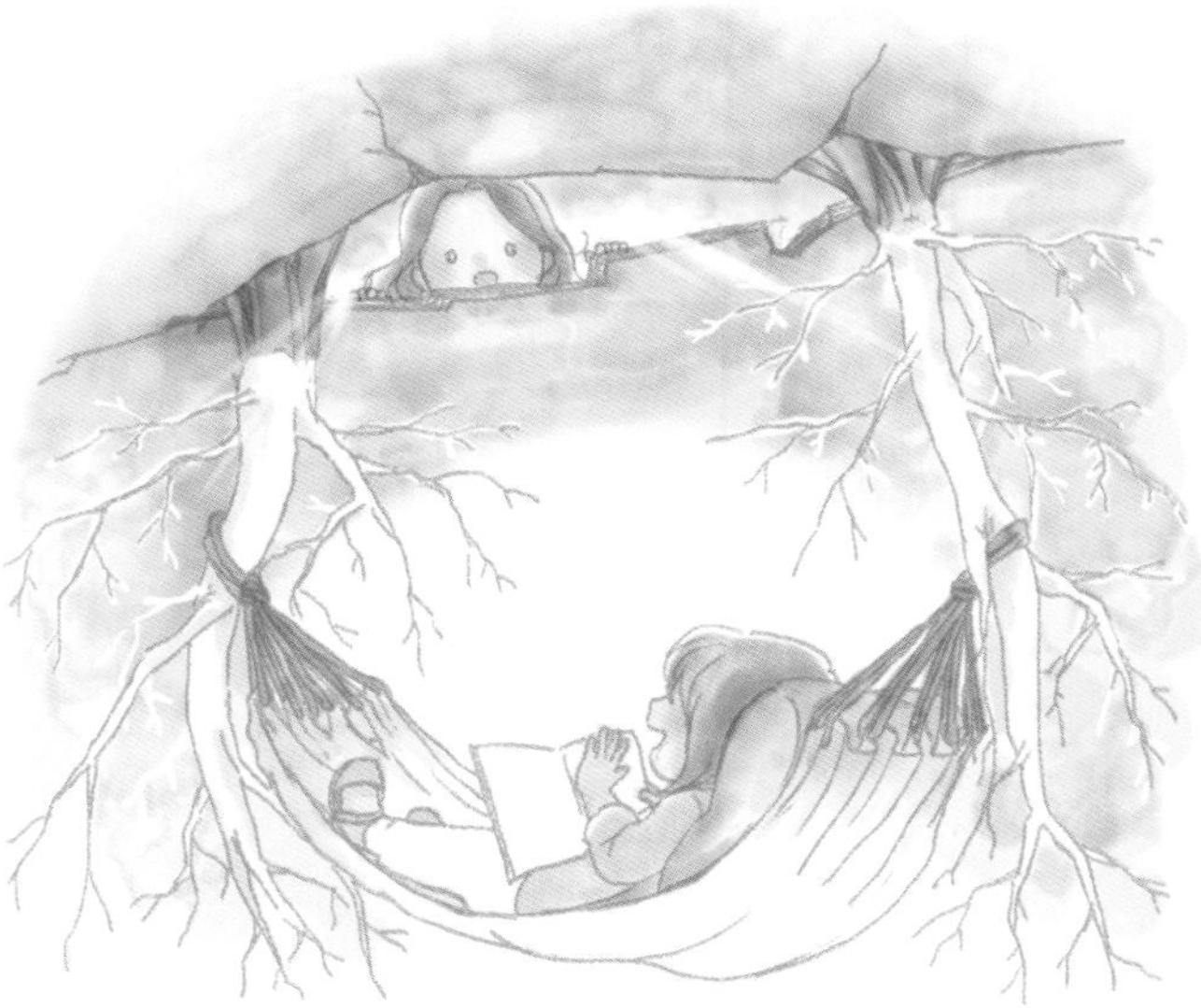

のんびり

08

# 休んで眠ろう

雑草の強さのひみつの一つに「休眠」がありました。

自分に適した環境ではないと思ったら、
今は成長するときではないと思ったら、
雑草は芽を出しません。

これが「休眠」です。

雑草のタネは土の中で眠っています。

球根や芋で増える雑草は、球根や芋も土の中で眠ります。

もちろん、ずっと眠り続けているわけではありません。

**自分に適している場所だと思ったら、**
**今が成長するときだと思ったら、**
**雑草は芽を出します。**

雑草は、いつでもどこでもがんばれるわけではありません。
だから、がんばる「とき」とがんばる「場所」をしっかり選んでいるのです。
そうでなければ、休んで眠ります。

何もしないで休む。
何もしないで眠る。

何もしない。何もしない。
何も考えない。何も考えない。

休んで、眠って、自分の力を発揮する「とき」を待ちましょう。

雑草は休んで眠るのが強さのひみつです。
その「とき」がくるまで、
あなたも、めいっぱい
休んで眠ってみませんか。

# うつむいた先には

春は足もとから

ボクにはボクの
居場所

競争から逃げて
高みの見物

いやな雨も、
雑草にとっては
恵みの雨

chapter 2

# 雑草の
# 生きかた

生きかた

01

# 踏まれたら立ち上がらない

「雑草は踏まれても踏まれても立ち上がる」

そう思い込んではいませんか？

確かに、一度や二度、踏まれただけならば、雑草は立ち上がってくるでしょう。

ところが、何度も何度も踏まれると、雑草は立ち上がることをやめてしまいます。立ち上がることを、あきらめるのです。

雑草魂というには、あまりにも情けない姿に、少しガッカリしてしまうかもしれません。

しかし、本当に雑草は情けないのでしょうか。

考えてみましょう。

植物にとって大切なことは、何でしょうか。

それは、花を咲かせてタネを残すことです。

踏まれても踏まれても立ち上がることは、無駄にエネルギーを使うことなのです。

雑草は、踏まれても踏まれても立ち上がろうとするようなことは、しないのです。

**雑草は踏まれながらどうやって花を咲かせようかと工夫します。**

**踏まれながら花を咲かせ、タネを残すということに、エネルギーを使うのです。**

踏まれても踏まれても立ち上がろうとする他の植物たちは、花を咲かせることもなく、タネを残すこともなく、枯れてしまいます。

しかし、雑草はどんなに踏まれても、花を咲かせ、タネを残します。

「大切なことを見失わない生きかた」

これが本当の雑草魂なのです。


雑草にとって、大切なことは立ち上がることではなく、花を咲かせ、タネを残すことでした。

あなたにとって大切なことは、何でしょうか？


**雑草だって、踏まれたら立ち上がりません。**

**無理して立ち上がろうとしなくていいんです。**

生きかた

02

# 上に伸びなくたっていい

植物は上に向かって伸びていきます。
植物が生きていくためには、太陽の光が必要です。
太陽の光を存分に浴びるためには、上に伸びた方が有利だからです。
上へ上へと伸びるのは、植物の世界の「常識」です。

ところが、どうでしょう。

どうやら、雑草の世界は違うようです。

雑草がよく踏まれる場所を観察してみてください。

よく踏まれる場所で雑草は、地面に沿って茎を横に伸ばしていませんか？
上に伸びても踏まれてしまうだけです。
横に伸びていれば、踏まれても倒れることはありません。
最初から倒れているのですから、踏まれてもダメージが小さいのです。

人間は、植物の成長を高さで評価してしまいます。
ひときわ背の高い木には感動します。逆に、雑草が腰の高さまで伸びたから草刈りしようと言います。

**横に伸びる雑草にとって、大切なことは「高さ」ではありません。**
**「長さ」こそが大切なのです。**

どれだけ横に伸びても、高さはゼロのままの雑草を、人々は気にもとめないでしょう。
それでも、雑草は茎を横に伸ばし、大きく大きく成長していきます。

誰が上に伸びなければならないと決めたのでしょうか。

雑草の伸びかたは自由です。
斜めに伸びてもいいし、横に伸びてもいい。上に伸びなくてもいいのです。

とはいえ、他の植物たちが上へ上へと伸びていくのに、自分だけ横に伸びて大丈夫なのでしょうか。

植物たちが上へと伸びるのは、光を浴びるためです。

隣の植物よりも、少しでも上に伸びれば、光を浴びることができます。

一方、隣の植物の方が上へ伸びれば、光を浴びることができません。

だから植物たちは競い合って、上へ上へと伸びようとするのです。

雑草たちの世界はどうでしょう。

よく踏まれる場所で、上へ伸びようとする植物は生えることができません。

少しでも伸びれば、踏まれて倒れてしまうからです。

だからよく踏まれる場所で、横に伸びた雑草たちは、地べたに横たわりながら、太陽の光を存分に浴びることができるのです。

雑草だって、
上に伸びようとは
しません。
上へ上へと
目指さなくても
いいんです。

生きかた

# 03

# まっすぐ伸びてる雑草だけではない

雑草を見てください。
まっすぐ伸びている雑草だけではありません。
みんな途中で折れたり、曲がったりしながら、茎を伸ばしています。
雑草だって生きていれば、いろいろなことがあります。
茎が折れることもあれば、茎が曲がってしまうことだってあります。

**茎が折れていたらダメなのでしょうか。**
**茎が曲がっていたらダメなのでしょうか。**

**雨の日もあれば、風の日もあります。**
**嵐の日だってあります。**
**雑草もさまざまです。**

雑草は曲がっていても、倒れていても、花を咲かせられれば、それでいいのです。
まっすぐ伸びている雑草なんか、ほとんどありません。
雑草はそんなことは気にしないのです。

挫折するのは、いやなことだけれど、
挫折しても、曲がっていても、それでもいいのです。

雑草だって、
まっすぐ伸びては
いません。
これまで歩んだ跡や、
これから進む道すじが
少しくらい曲がっていても
いいんです。

生きかた

04

# 深く深く伸びる

上に伸びることができないとき、雑草は横に伸びます。
それでは、横に伸びることさえできないとき、雑草はどうしているのでしょうか。

それでも雑草は、伸びています。
上にも横にも伸びることができないとき、雑草は下に伸びます。
根っこを伸ばすのです。

雑草にとって、もっとも大切なのは根っこです。
根っこがしっかりしていなければ、力強く伸びることはできません。

たとえ、葉っぱをむしられても、茎が折られても、根っこさえしっかりしていれば、再び茎や葉っぱを伸ばすことができます。
そして、いつの日か花を咲かせることができるのです。

**根っこさえあれば生きていけます。**
だから、雑草は下に下に伸びるのです。
踏まれても抜かれても、根っこを伸ばせばいいのです。

根っこの成長は目に見えません。
誰からも評価されないかもしれません。
もしかしたら、自分さえも気がつかないかもしれません。

それでも、いいのです。
深く強く伸びていけば、それだけ体の支えが頑丈になるのです。

目に見えている姿は小さく弱くても、雑草は深く深く成長しているのです。

雑草の
本当の成長は
目に見えづらいです。
目に見える
成長なんか
しなくたって
いいんです。

生きかた

05

# つらい時期を乗り越える形

寒さが厳しい冬に、雑草が好むスタイルがあります。それが、ロゼットと呼ばれるものです。

茎を伸ばさずに、地面に寝そべるように葉っぱを放射状に広げた形を「ロゼット」と呼びます。

タンポポだけではありません。ハルジオンやナズナなど、種類も花もまったく違う多くの雑草たちがロゼットを採用しています。

それほどロゼットは機能的で、雑草に人気の形なのです。

ロゼットは、葉っぱがかさならないように広がるので、しっかりと光を浴びることができます。

上に伸びずに地面に張りつく形は踏まれることにも強いので、グランドや公園では多くの雑草がロゼットで過ごしています。

ロゼットの本当のすごさは、葉っぱの形ではありません。

多くの植物は寒さの厳しい冬になると枯れてしまいます。

**だけど、ロゼットはつらい環境でも地面の上に寝そべるように葉っぱを広げているのです。**

葉っぱを広げて光を浴びて、光合成をしながら、根っこに栄養分をたくわえていきます。

この栄養分で、成長すべきときがくれば、一気に茎を伸ばして花を咲かせるのです。

ロゼットは、つらいことに耐える守りの形だけではありません。

根っこを成長させることができる攻めの形でもあります。

ロゼットは「攻め」と「守り」の両方を持ちながら、花を咲かせることができるのです。

雑草は、つらいときには、
特別な形でやり過ごします。
つらいときには、寝そべりながら
過ごしてみるのはどうでしょう。

生きかた

06

# 無理に成長しようとしなくてもいい

雑草は上に伸びたり、横に伸びたり、茎を伸ばしたり、根っこを伸ばしたりして成長します。

成長する方向はさまざま、成長の仕方もさまざまです。

だけど、成長は無理にするものではありません。

**雑草は、がんばって成長しているわけではありません。**

**がんばっていないけれど、茎は伸びてしまうし、葉っぱが増えてしまいます。**

**自然と成長しているのです。**

無理やり茎を伸ばそうとしたり、葉っぱを増やそうとするのは、不自然なことなのです。

私たちも同じです。

寝ていただけの赤ちゃんが、やがて寝返りを打つようになり、ハイハイをするようになり、立ち上がります。

子どもの歯は勝手に抜けて、大人の歯が生えてきます。

がんばっているわけではないのに、成長してしまうのです。

無理に成長を意識する必要はありません。

休んでいても、眠っていても、成長すべきところは、ちゃんと成長しています。

「成長が足りない」となげく必要はありません。

成長は無理にするものではなく、してしまうものなのです。

今日のあなたは、
昨日のあなたより、
きっと成長しています。

生きかた

07

# 大切なものは目に見えない

地面の上からは見えませんが、地面の下には雑草たちの世界が広がっています。

小さな雑草も、太い根っこを持っていたり、たくさんの根っこを張り巡らせています。


かわいいタンポポも、ゴボウのような太くて長い根っこを伸ばしています。

春になると、ひょこっと顔を出すツクシは、図鑑ではスギナと呼ばれます。スギナは、地面の深くまで地下茎《ちかけい》と呼ばれる茎を伸ばしています。

その深さは、なんと地中一メートルにまでなるそうです。


ぴーぴー草の別名で知られるカラスノエンドウは、土の中に長く茎を伸ばすので、土の中の茎に葉っぱがついています。

猫じゃらしの別名で知られるエノコログサは、土の中から地面に近いところまで伸びるという特別な茎を持っています。

ぺんぺん草の別名で知られるナズナは、土の中に何万粒ものタネを持っています。そのタネが次から次へと芽を出します。

他にもミゾソバやマルバツユクサは、地面の下でも花を咲かせることができます。


**雑草たちは、地面の下に見えない世界を持っているのです。**


雑草は、抜かれても抜かれてもまた生えてきます。

地面の下の世界から、地上に姿を見せるのです。

雑草たちにとって大切なものは、地上の世界ではありません。

目に見える葉っぱはどんなに、取られても、ちぎれてもいいのです。

地面の下の世界さえあれば、雑草は何度でも生えることができます。
本当に大切なものは、目に見えないのです。
あなたにとって、大切なものとは何でしょうか。

郵便はがき

料金受取人払郵便

上野局承認

9150

差出有効期間
2025年3月
31日まで

| 1 | 1 | 0 | - | 8 | 7 | 9 | 0 |
|---|---|---|---|---|---|---|---|

1 9 0

東京都台東区台東 1-7-1 邦洋秋葉原ビル2F
**駒草出版** 株式会社ダンク 行

ペンネーム

□男 □女 (　　　)歳

メールアドレス(※1)　新刊情報などのDMを □送って欲しい □いらない

お住いの地域

都 道
府 県　　　　市 区 郡

ご職業

※ 1 DMの送信以外で使用することはありません。
※ 2 この愛読者カードにお寄せいただいた、ご感想、ご意見については、個人を特定できない形にて広告、ホームページ、ご案内資料等にて紹介させていただく場合がございますので、ご了承ください。

駒草出版 株式会社ダンク出版事業部 https://www.komakusa-pub.jp/

本書をお買い上げいただきまして、ありがとうございました。
今後の参考のために、以下のアンケートにご協力をお願いいたします。

)購入された本についてお教えください。

書名：

ご購入日：　　　　年　　月　　日

ご購入書店名：

)本書を何でお知りになりましたか。（複数回答可）

□広告（紙誌名：　　　　　　　）　□弊社の刊行案内
□web/SNS（サイト名：　　　　　）　□実物を見て
□書評（紙誌名：　　　　　　　）
□ラジオ／テレビ（番組名：　　　　　　）
□レビューを見て（Amazon／その他　　　　　　）

)購入された動機をお聞かせください。（複数回答可）

□本の内容で　□著者名で　□書名が気に入ったから
□出版社名で　□表紙のデザインがよかった　□その他

)電子書籍は購入しますか。

□全く買わない　□たまに買う　□月に一冊以上

)普段、お読みになっている新聞・雑誌はありますか。あればお書きください。

〔　　　　　　　　　　　〕

)本書についてのご感想・駒草出版へのご意見等ございましたらお聞かせください。

(※2)

雑草にとって
大切なものは
目に見えません。
大切なものは
他人に見せずに、
そっとしまっておけば
いいんです。

生きかた
08

# 踏まれることも、わるくない

踏まれながら花を咲かせる雑草。

そう聞くと、雑草はつらいことを耐えしのぶ強さを持っているのだと思ってしまいます。


しかし雑草にとって、踏まれることは耐えるべきことではありませんし、克服すべきことでもありません。


オオバコという雑草は、踏まれるところによく生える雑草です。

オオバコは雨に濡れると、タネがネバネバしてきます。

オオバコのタネは、このネバネバで靴の裏や、車のタイヤにくっついて遠くへ運ばれていくのです。

タンポポが風で綿毛を飛ばすように、オオバコは踏まれることによって、タネを広げていきます。

オオバコにとって、踏まれることはチャンスでしかないのです。


ところで、小さい頃、一生懸命に四つ葉のクローバーを探した経験はありませんか？　なかなか見つからず、友達と、あたりが暗くなるまでクローバーとにらめっこしていたことを思い出します。


四つ葉のクローバーの花言葉は「幸福」。

見つけると、とても幸せな気持ちになります。一説によれば、四つ葉のクローバーの出現率は一万分の一とも言われています。

とてももめずらしいのです。

## 四つ葉のクローバーを探すときには、見つけやすい場所があります。それは、よく踏まれている場所です。

クローバーは、葉っぱが三枚の三つ葉です。
四つ葉が生まれる理由はいくつかありますが、
その一つが踏まれることにあると言われています。
踏まれると、葉っぱのもとになる部分が傷つきます。
こうして傷ついた葉っぱが分かれて、四つ葉になるのです。

幸福のシンボルである四つ葉は、踏まれて傷ついて生まれます。
もしかしたら、幸福は踏まれて傷ついた跡なのかもしれません。

雑草にとって、
踏まれることは、
わるいことばかりでは
ありません。
踏まれた経験も
きっと無駄には
ならないはずです。

生きかた

09

# うつむいたって、いい

春にピンク色のかわいい花を咲かせるハルジオンという雑草があります。

この花はよくＪ－ＰＯＰで歌われます。

ハルジオンは、つぼみのときに、うつむいているという特徴があります。

そして、開花の時期になると、茎が立ち上がり、上向きに花を咲かせるのです。

今はうつむいていても、いつかは上を向いて花を咲

かせる。

けなげな姿が、多くのアーティストの心をとらえたのかもしれません。

うつむく雑草は他にもあります。

ハコベという雑草は、花が咲き終わった後に、花がうつむきます。

そして実が成ってタネが熟した頃になると、上を向くのです。

上を向いた実からは、タネがこぼれ出て、新しい命が芽吹きます。

タンポポもそうです。

タンポポはうつむくどころか、うち伏せてしまいます。

タンポポは花が咲き終わると、茎が倒れて横たわってしまいます。

そして、タネが熟して綿毛を飛ばす頃になると、茎は再び立ち上がり、綿毛を風に乗せて飛ばすのです。

これらの雑草たちが、どうして、うつむいたり、横たわったりするのか、本当の理由はよくわかっていません。

それでも、わかっていることがあります。

**雑草たちは大切なときの前に、うつむいたり、横たわったりするのです。**

ハルジオンは、花を咲かせる前にうつむきます。
ハコベはタネを残す前にうつむきます。
そして、タンポポは綿毛を飛ばす前に横たわるのです。

ずっと上を向いている必要はありません。
ときには下を向きたくなるときもあります。
うつむきたくなるときもあります。
うち伏せてしまいたくなるときもあります。

もしかするとそれは花を咲かせる準備なのかもしれません。
タネを残すための準備なのかもしれません。
綿毛を飛ばす準備なのかもしれません。
大切なことがやってくる準備なのかもしれないのです。

うつむきたくなったときは、無理に上を向こうとする必要はありません。
しっかりとうつむくことが大切なのです。
「涙がこぼれないように上を向いて歩こう」という歌があります。
でも、涙をこぼして、うつむいて歩いたっていいんです。

うつむいて歩くと、雑草たちの姿が目に入ります。
うつむきながら、雑草たちが生きる世界をのぞいてみてください。

雑草だって、うつむいています。
ときにはうつむいて、花を咲かせる、
そのときに備えましょう。

生きかた

10

# ストレスを受け流す

雑草が風になびいています。

イソップ童話の中に「樫《かし》の木と葦《あし》」というお話があります。

ある日、樫の木が葦に語りかけました。

「あなたはたまに吹く弱い風でもなびいてしまう。それに比べて私は、どんな強烈な嵐も受け止める力を持っています」

ところが、恐ろしいほどの猛烈な風が吹きつけたとき、樫の太い幹は根っこが抜けて倒れてしまいました。

葦の細い茎はというと、風になびいて平気だったのです。

樫の木は、木偏に堅いと書くくらい頑丈です。しかし、強い風に耐えきれずに、倒れてしまえば、もう元に戻ることはできません。

一方、葦は、とても細い茎で風になびきます。ときには太く強い幹よりも、細く弱い茎の方が、強さを発揮します。

日本には「柳に風」ということわざもあります。力を逃がす「いなす」という言葉もあります。相撲や柔道では、相手の力をかわしながら、自分の力に変える技がたくさんあります。襲いくるものに対しては、まともに受け止めるのではなく、受け流した方がいいのです。

**雑草もまた襲いくる力をまともに受け止めるようなことはしません。**
**力をかわし、受け流します。**
まともに戦わない。
それが雑草の強さです。

もし、強いストレスに襲われたとしたら、それを真正面から受け止める必要はありません。

立ち向かう必要もありません。

風になびく雑草のように、受け流してやればいいのです。

雑草だって
風に立ち向かうようなことはしません。
ストレスなんか受け流してやればいいんです。

生きかた 11

# 折れない芯を持つ

雑草は、強い風を受け流します。
葦は弱い茎しか持ちません。

ところが、ただ弱いだけだと茎がちぎれてしまいます。
葦は茎の中はやわらかな構造をしていますが、外側は堅い皮でできています。やわらかさと堅さをあわせ持っているのです。

**踏まれやすいところに生えている雑草も、やわらかさと堅さをあわせ持っています。**
踏まれるところに生えるオオバコも、けっして頑丈な植物ではありません。

茎の中はやわらかな構造をしていて、茎はよくしなります。葦の茎と同じように、外側を堅い皮で覆っているのです。

葉っぱはどうでしょうか。

オオバコの葉っぱはとてもやわらかいです。

このやわらかさで、踏まれた衝撃を逃がすのです。

オオバコは、やわらかい葉っぱの中に、ちぎれない強い筋を持っています。

この筋があるから、オオバコは踏まれても平気でいられるのです。

強情に歯を食いしばればいいというものではありません。

やわらかい物腰でいればいいというものでもあ

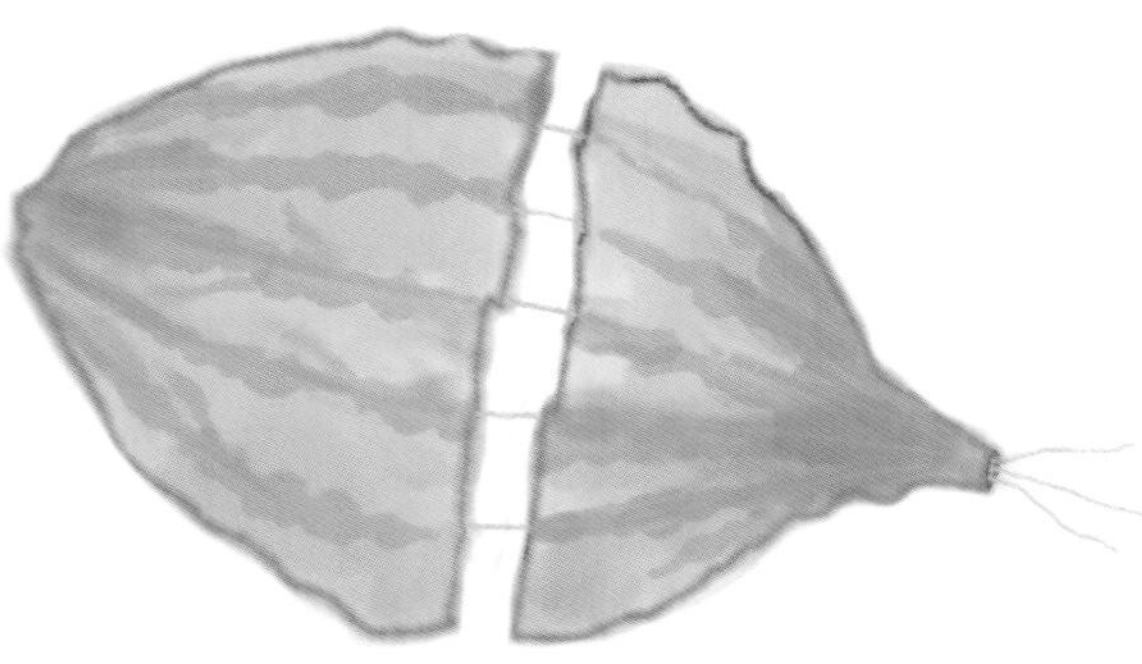

りません。
やわらかさの中に、自分の芯を持っている。
それがオオバコの葉っぱの強さのひみつです。

**オオバコの強さのひみつは、**
**ほんの細い芯です。**
**強く生きるためには、細くても、**
**ちぎれない芯があればいいんです。**

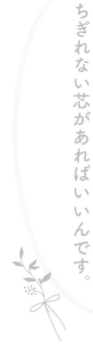

生きかた 12

# 空を見上げよう

上に伸びている雑草もあります。
横に伸びている雑草もあります。
日の当たるところに生えているものもあります。
日の当たらないところに生えているものもあります。

そんな雑草たちは、どこを見て暮らしているのでしょうか。
上に伸びている雑草も、横に伸びている雑草も
すべての雑草は上を向いて暮らしています。
空を見て暮らしているのです。

私たち人間は横を見て暮らしています。
横を見て暮らしていると、さまざまなものが目に入ります。
隣の人が気になったりもします。
そして、落ち込んだり苦しんだりもするのです。

**私たちも、雑草のように空を見上げてみましょう。**

おひさまがキラキラと輝いています。
青い空が広がっています。
白い雲が浮かんでいます。
風が吹き抜けていきます。
木の葉がそよいでいます。

たまには空を見上げてみませんか。
体いっぱいに光を浴びて、
のんびり雲を眺めてみませんか。
ほら、心も体も
軽くなってきたでしょう？

## ほら、あなたの足もとにも

踏まれてる？
気にしな〜い

踏まれながら
地面で咲く

踏まれても大丈夫
大丈夫

花はこんなに
小さくても
根っこは太い!

折れても曲がっても
根っこだけはしっかり

足もとをのぞくと
雑草たちが
のびのびと

ときには足を止めて

フレーフレー赤！
フレーフレー白！

足を止めないと
気づかない
ボクらの成長

風に乗って旅をする

え？　こんなところにも？

chapter 3

# 雑草のつながり

つながり

# 01 みんなと仲良くなんてできない

動くことのできない植物は、昆虫の力を借りて花粉を運びます。

自然界には、何のルールもありません。ましてや、道徳心も良心もありません。
強いものが生き残り、弱いものが滅びてゆく、それが自然界です。

それなのに、生きものたちは助け合って生きています。
助け合うことは美しい。
「私たちも助け合わなければならない」、そう思うかもしれません。

**しかし、植物たちは、どんな昆虫とも仲良くしているわけではありません。**

周りの雑草を見てみましょう。

植物は自分の足で動くことができません。それでも、より強く多様性に富んだ遺伝子を残したい。だから昆虫に自分の花粉を遠くの仲間のもとまで運んでもらうのです。

華やかなチョウは、ユリのような大きな花の花粉を運びます。

大きくない花では花粉を運ぶことはありません。チョウは足が長く、ストローのような口を伸ばして蜜を吸うのでチョウの体に花粉がつかないからです。

大きくない花にとって、チョウは蜜を吸うだけの蜜どろぼうです。

スミレやホトケノザは、ハチに花粉を運んでもらいます。

ハチは飛ぶ力が強く、遠くまで花粉を運んでくれるからです。

スミレやホトケノザは、ハチ以外の昆虫に蜜を吸われたくありません。

そのためスミレやホトケノザは横向きに花を咲かせています。

ハチ以外の昆虫は上から花にやってきます。横向きに咲くというたったそれだけの工夫で、他の虫が蜜を吸うのを防いでいるのです。

植物と昆虫は助け合っていますが、どんな昆虫でもいいわけではありません。

どの植物も、自分のお気に入りの昆虫とパートナーシップを結んでいます。みんなと仲良くしているわけではないのです。

植物だって、
助け合う相手を
選り好みしています。
みんなと
仲良くなくたって
いいんです。

つながり

02

# ひとりぼっちだって生きられる

植物は、昆虫の助けを借りて、受粉して、タネを残すのです。

ところが、雑草には他の植物にはない特徴があります。
たった一本だけでもタネを残すことができるということです。

都会の片隅にたった一本、タンポポが咲いていることがあります。
**ビルに囲まれたその環境には、花粉を運んでくれる昆虫もやってきません。**
**花粉を交換しあうようなタンポポの仲間もいません。**

雑草が生きる環境は、そんな特殊な環境であることも少なくありません。

そのため、昆虫の助けを借りなくても、仲間の雑草がいなくても、たった一本でタネを残せるような進化をしているものも多いのです。

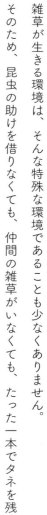

自然界では、生きものたちは助け合って生きています。
それは、とってもすばらしいことです。

だからといって、必ず助け合わなければいけないというわけではありません。ひとりでいるのがわるいわけでもありません。

他人のことが気になって、いやになることがあります。
誰にも会いたくないと思うときもあります。
ときには、助け合うことがつらいときもあります。
ひとりで生きてみたいときもあります。

そんなときに、つらさを抱えてまで、無理に助け合う必要はありません。
都会の片隅のタンポポのように、ひとり、気ままに生きてみたっていいのです。

雑草だって、
いつも助け合っている
わけではありません。
ひとりで生きてみたって
いいんです。

つながり

03

# 誰かを頼ったっていい

雑草はたった一本でも生きることができます。

昆虫の助けを借りなくても、仲間がいなくても、受粉をしてタネを残すことができます。

本当は誰の助けも必要ないのです。


しかし、雑草は昆虫の助けを借りるときもあります。


ひとりで生きてみてもいいし、誰かの助けを借りてもいい。

それが雑草の自由な生きかたです。

春に咲くホトケノザは、二種類の花を咲かせます。

一つは、小さなハチたちに花粉を運んでもらうための花です。唇に似た美しい花と、おいしい蜜につられたハチを利用し、タネを作ります。

できたタネの外側には、アリの大好きなゼリーのようなものがついています。

アリはこのゼリーを食べるために、タネを巣に運びます。ゼリーを食べ終わると、ゴミとなったタネを巣の外に捨てにいくのです。

**アリのはたらきによって、ホトケノザのタネは遠くへ運ばれます。タンポポが風にタネを運んでもらうように、ホトケノザはアリにタネを運んでもらうのです。**

もう一つは、ハチがこなくてもタネができるような花です。

ハチが必要ないので、その花は開くことなく、閉じたまま受粉してタネを作ってしまいます。できたタネは、アリがこなくてもいいように、ゼリーも少ししかついていません。

ホトケノザはハチがいなくてもタネを残すことができるし、アリがこなくても困りません。

ひとりでも生きていけるのです。

それでもホトケノザは、ハチの助けも借りるし、アリの助けも借ります。

誰かの力を借りた方がいいこともあるからです。

ひとりで生きられる雑草だって、
誰かの助けを
借りるときもあります。
ひとりで生きてみてもいいし、
誰かの助けを借りても
いいのです。

# 十草十色の暮らし

他の植物と
シェアハウスはじめました

見〜つけた!

抜かれないように
ひっそりと

雑草から
見える空

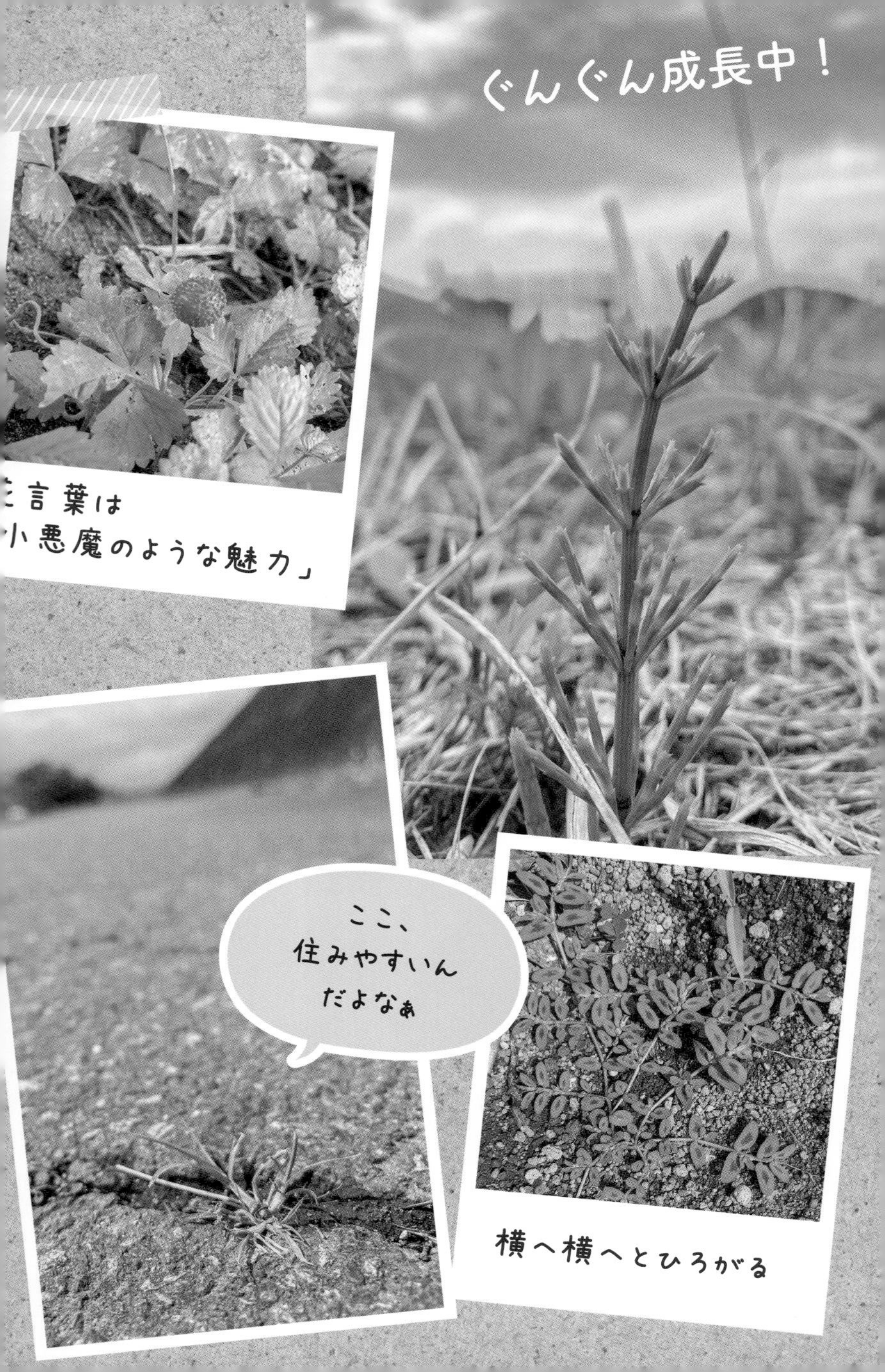
ぐんぐん成長中！
言葉は
小悪魔のような魅力」
ここ、
住みやすいん
だよなぁ
横へ横へとひろがる

風に揺られて
フラダンス

chapter 4

# 雑草の大切

大切

# 01 みんなと違ってもいい

春になると小さな雑草たちが花を咲かせます。

春に咲く小さな雑草たちには、共通点があります。


雑草は競争に弱い植物です。

そして、競争から逃れてきた植物です。


しかし、雑草は雑草の中での競争があります。

雑草の暮らす世界には、深い森にいるような大きな植物はいませんし、強い植物もいません。

それでも、夏の光あふれる季節になれば光を奪い合うように、草が生い茂り、雑草たちの間で競争が起こります。

春に咲く雑草たちは、そんな夏の争いを避けて咲く、雑草の中でもさらに弱いものたちなのです。

なかでも、いち早く花を咲かせるのがオオイヌノフグリです。

オオイヌノフグリは、まだ肌寒い季節から、青く小さい花を咲かせます。

青くかわいらしい花が足もとに無数に広がっているようすが、空に広がる星のようであることから、「星の瞳」というすてきな別名を持っています。

オオイヌノフグリは弱い雑草です。

だから、他の植物との競争を避けて、春一番に花を咲かせます。

**競争に弱い小さな雑草にとって、「ずらすこと」は、とても大切です。**

**小さな雑草たちは時期をずらしたり、場所をずらしたりします。**

**できるだけ競争しなくてもいい自分の居場所を作るのです。**

オオイヌノフグリが花を咲かせる頃、他の植物たちは、まだ土の中で眠って春を待っています。

オオイヌノフグリは、他の植物と競い合うようなことはしないのです。

ただただ、自分の花を咲かせているのです。

みんなと一緒がいいわけではありません。

みんなと合わせる必要もありません。

小さな雑草にとっては、みんなと違うことが大切なのです。

## 雑草は、みんなと違うところに居場所を見出します。あなたもみんなと違うからいいんです。

大切

# 02

# あなたには あなたの花が咲く

スミレには、スミレの花が咲きます。
タンポポには、タンポポの花が咲きます。

**どんなにさからってみても、スミレにタンポポの花は咲きません。**
**どんなにがんばってみても、タンポポにスミレの花は咲きません。**

タンポポのようになりたいと憧れても、タンポポのようにはなれないのです。
スミレにできることは、スミレの花を美しく咲かせることです。
スミレの花は、スミレにしかない美しさを持っているのです。

当たり前のことです。

それでもまだ、タンポポの花に
憧れますか？

スミレには、
スミレの花が咲きます。
あなたはあなたです。
他の人やものに
憧れなくていいんです。

大切

03

# 「らしく」なくたっていい

雑草を観察していると、とても困ることがあります。

植物図鑑では、一メートルくらいまで大きくなると説明されている雑草が、一〇センチメートルにも満たない小さな姿で花を咲かせていることがあります。

春に咲くと説明されている雑草が、秋に花を咲かせていることもあります。

図鑑どおりでないのです。

どうしてでしょうか。

雑草の生きかたは自由自在です。
雑草は環境に合わせて、姿形や、暮らしぶりを簡単に変えてしまいます。

図鑑には、植物の特徴が書かれています。
それは人間たちが勝手に期待している「あるべき姿」なのかもしれません。

**「こうあるべき」とか「○○らしく」とか、「○○らしくない」とか、人間の思い込みが書かれているだけなのかもしれません。**

図鑑に書かれていることは、雑草の一面でしかありません。
雑草にとって、そんなことはどうでもいいことです。
他人にどう見られようと、他人が「らしくない」

と思おうと、雑草の生きかたは自由なのです。

雑草は踏まれたり、刈られたり、抜かれたりしながら、日々を暮らしています。
図鑑どおりに生きていくことなどできません。
図鑑に書かれているからといって、従う必要はないのです。

自分の生きやすいように生きていけばいいのです。

「こうあるべき」とか「〇〇らしく」とか、「〇〇らしくない」とか、
それは、私たちの思い込みかもしれません。

雑草は図鑑にとらわれず
自由自在に生きています。
もっと自由自在に
生きていきませんか。

大切

04

# いろいろな花が咲く

自然界は適者生存です。

優れたものは生き残り、劣ったものは滅びてゆく、それが自然界です。

それにしても、ふしぎです。

もし、黄色い花が優れているとすれば、すべての植物が黄色い花に進化するはずです。

しかし、実際にはそうはなっていません。

黄色い花もあれば、白い花もあれば、紫色の花もあります。

いろいろな花が咲いているのです。

どうしてなのでしょうか。

**黄色い花が優れていて、白い花が劣っているということではありません。**
**どの花が一番で、どの花が二番ということでもありません。**

どの花も一番なのです。

私たち人間は優劣を競ったり、勝ち負けにこだわったり、順位をつけて比べたりします。

本当は、この世にあるすべてのものが一番なのです。

自然界では、
すべての命が一番です。
あなたの持つものすべてが
「一番」なんです。

大切

05

# 「雑」というすてきな世界

「雑草」って、どういう意味でしょう。
雑草の「雑」って、どういう意味でしょう。

**「雑」には、わるい意味はありません。**
**「雑」とは「いろいろなものが混ざっている」という意味です。**
「雑草」の意味は「いろいろな草」ということなのです。

「雑じゃダメ」「しっかりしなきゃ」「ていねいにやらなきゃ」
そんな言葉で自分を縛っていませんか。

もちろん、しっかりすることや、ていねいにすることは大切です。

だけど……もしかすると「雑」って、案外すてきかも。

雑貨、雑誌、雑学、雑談……。

「雑」はムダかもしれません。

しかし、雑がない世界より、雑のある世界の方が、楽しそうにも見えます。

わたしたちの足もとでは、さまざまな草たちが、踏まれたり、抜かれたり、刈られたりしながら暮らしています。

それが、雑草の世界なのです。

雑って、やっぱり
すてき。
たまには「雑」を
楽しんでみませんか。

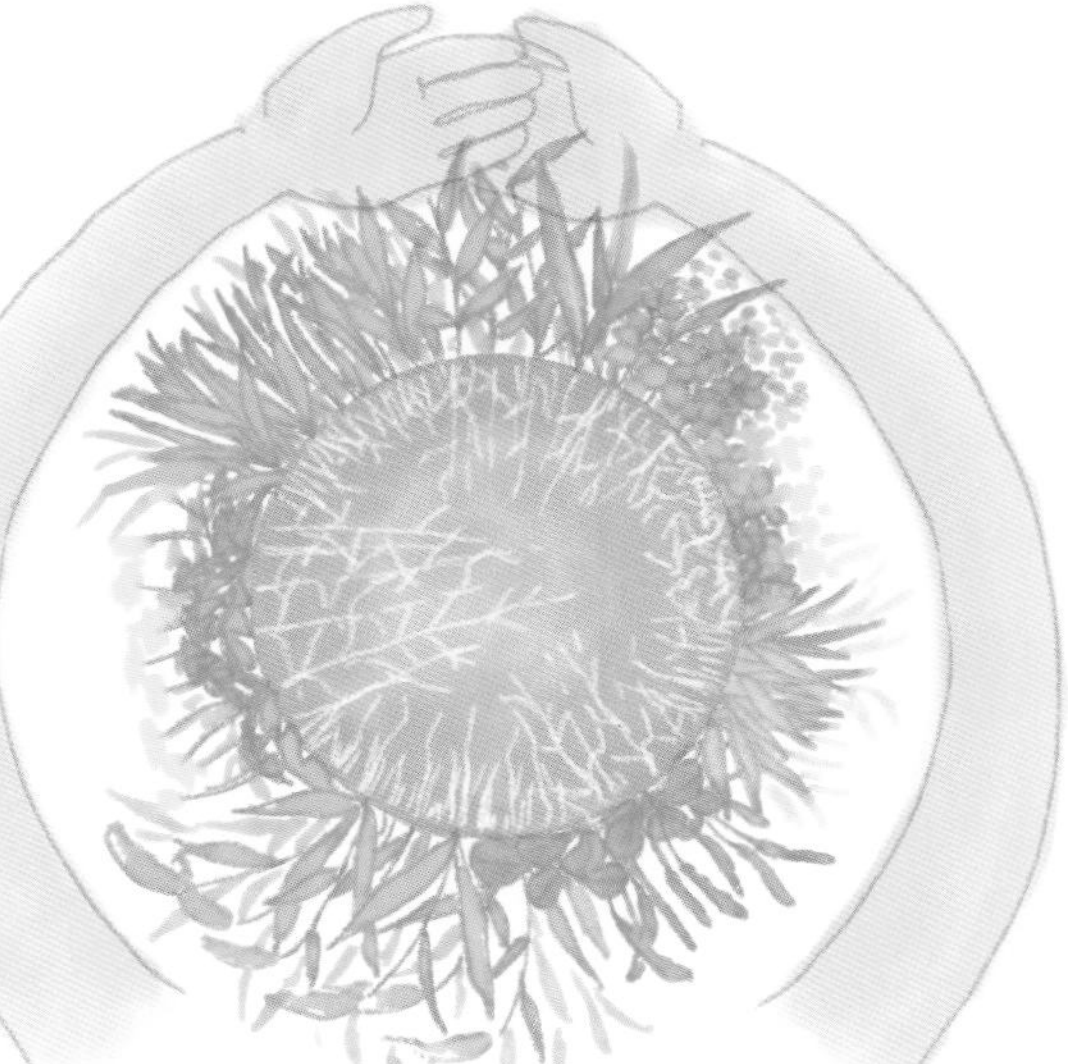

大切 06

# 自分の場所で花を咲かせる

雑草はがんばっているわけではありません。
競争もしませんし、無理もしません。
もうみなさんも、知っていますよね。

だけど……
まったくがんばっていないわけではありません。
雑草は、しっかりと花を咲かせています。
自分の得意なところで、花を咲かせているのです。

**何気なく見えるかもしれませんが、雑草はどれも、自分の場所を見つけています。**

雑草をよく観察してみてください。
種類によって、生えているところが違うことに気がつくでしょう。
草刈りに強い雑草は、草刈りされるところに生えています。
踏まれるのに強い雑草は、踏まれるところに生えています。
乾燥に強い雑草は、水のないところに生えています。

自分の得意な場所で生きている。
これが雑草の強さのひみつなのです。

苦手な場所で、がんばる必要はありません。
心地よくない環境では、芽を出さなくてもいいのです。
つらい場所からは、逃げ出してしまいましょう。

雑草たちのように、自分の得意な場所を探してみてください。
自分の場所を見つけたら、精いっぱい自分の花を咲かせてください。

雑草を見てください。
花の咲かない雑草はありません。実の成らない雑草もありません。
どんな場所であってもいい、どんなに小さな花でもいい。
雑草は、必ず花を咲かせます。

**自分の場所で、**
**自分の花を咲かせる。**
**それが雑草の「のんびりライフ」なのです。**

# あなたが輝ける場所

キラキラ輝く星の瞳

おいしそうな
こんぺいとう？

どんな場所でも

どんな色でも

目立たなくても
自分だけの花を

## エピローグ

# 今日という一日

雑草は進化した植物であると言われています。

ところが、ふしぎなことがあります。

植物の中には大木となって一〇〇〇年生きるようなものもあります。

これに対して雑草は、一年以内で枯れてしまうものも、たくさんあります。

**進化をとげたはずなのに、どうして短い命なのでしょうか。**

**雑草にとって、明日は何があるかわかりません。台風がくるかもしれませんし、草刈りされてしまうかもしれません。明日の心配ばかりしても仕方がないのです。**

雑草は、今日という一日がより輝くように進化をしたのです。
永遠に続く毎日よりも、限られた毎日を選んだのです。

「今日」という日を精いっぱい生きるために
「今日」という日を大切に生きるために
雑草は短い命に進化したのです。
そして、雑草は今日一日を精いっぱいに生きているのです。

私たち人間も永遠に生きられるわけではありません。
「今日」という「ふつうの日」の大切さは、雑草も私たちも同じです。

あわてることはありません。
がんばることもありません。

今日一日を、
のんびりと、のんびりと、
のびのびと、おおらかに
やさしく、やわらかく、
心地よく、気持ちよく、
大切に、大切に過ごしてみませんか。

ほら、足もとを見れば、雑草たちも、
命を輝かせながら、のんびりライフを送っています。

# 雑草たちの性格

## INDEX

個性あふれる雑草たちののんびりライフ。
あなたはどの雑草が好き？

P.77

### エノコログサ

土の中に、特別な茎を隠し持っている

**成長が早く感じるのは、誰にも見えないところで準備しているから**

P.125-126

### オオイヌノフグリ

競争しなくてもいいように、周りとずらして花を咲かせる

**周りに合わせないから、小さくても強い**

P.80-81,93-95

### オオバコ

細くてもちぎれない芯を持つ

**踏まれて立ち上がらないから、チャンスをつかむ**

P.26-27

## オナモミ

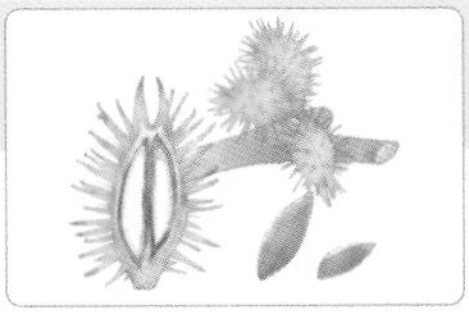

早く芽を出すタネと、ゆっくり芽を出すタネ。どちらも持っているひっつき虫

**せっかちも、のんびりも。マイペースでいい**

P.76

## カラスノエンドウ

目に見えない土の中に、葉っぱもつける

**誰にも見えないところが、**
**少しずつ成長している**

P.81-82

## クローバー

踏まれて傷ついた跡が、四つ葉に変身

**踏まれてつらかった経験も**
**無駄にはならないはず**

P.76

## スギナ

ひょこっと頭を出したツクシ、
本体は地下一メートルも伸びる茎

**誰にでも見えるものはどうだっていい。**
**本当に大切なのは目に見えないもの**

P.107-108,128-129

## スミレ

大切な蜜を預ける相手は、自分で選ぶ

**誰でもいいわけじゃない。**
**きみだから、任せられる**

P.69,76,81,85-86,
110,112, 115,128-129

## タンポポ

つらいときは、寝そべってやり過ごす

**無理に背伸びしなくたっていい**

P.69,77

## ナズナ

土に隠れている何万粒ものタネが
順番に芽を出す

**「いっせーの!」では、勝負しない**

P.85-86

## ハコベ

花が咲き終わったら、タネが熟すまでじっとうつむく

**うつむいても、大切なものは**
**けっして落とさない**

P.69,84,86

## ハルジオン

思う存分うつむいたあと、堂々と胸を
張ってきれいな花を咲かせる

**うつむいた過去があったからこそ、美しい**

P.107-108,
115-116

## ホトケノザ

ひとりでも生きていける。それでも
ハチやアリの助けを借りる

**誰かに頼ってもいいし、頼らずに
生きてもいい**

P.77

## マルバツユクサ

きれいな青い花だけじゃなく、誰も知らない土の中にも
花を咲かせる

**他人から見える姿が、自分のすべてではない**

P.77

## ミゾソバ

地上で何があってもいいように、
見えないところでも花を咲かせる

**表向きの顔と、誰にも見せない顔を
うまく使い分ける**

著者

## 稲垣真衣（いながき まい）

雑草の生きかた研究家
和歌山県生まれ。静岡大学農学部卒業。
卒業後に就職した職場で適応障害を患い、生きづらさを感じていたとき、雑草の戦略的な生きかたに関心を持ち、その魅力に取りつかれる。
雑草の生きかたを伝えるため、YouTubeチャンネル「雑草のんびりライフ」を運営するほか、ラジオ出演や講演活動などを行う。

ホームページ「雑草のんびりライフ」
https://zassononbirilife.studio.site/

監修者

## 稲垣栄洋（いながき ひでひろ）

静岡県生まれ。静岡大学大学院教授。農学博士。専門は雑草生態学。主な著書に『植物に死はあるのか』（SBクリエイティブ）、『身近な雑草の愉快な生きかた』（ちくま文庫）、『生き物の死にざま』（草思社）、『面白くて眠れなくなる植物学』（PHP研究所）などがある。

協力者

和泉圭祐、和泉真梨絵、稲垣舜也、大島里奈、三瓶万梨乃、瀬岡咲葉、富島千絵

# 踏まれても立ち上がらないことにした

## 雑草が教えてくれたがんばらない生きかた

2023年8月8日　初版発行

著　　者　稲垣真衣
監 修 者　稲垣栄洋
発 行 者　井上弘治
発 行 所　**駒草出版** 株式会社ダンク出版事業部
〒110-0016 東京都台東区台東1-7-1
邦洋秋葉原ビル2階
TEL：03-3834-9087
URL：https://www.komakusa-pub.jp
印刷・製本　中央精版印刷株式会社

出版プロデュース　野口英明
デザイン/DTP/イラスト　津久井直美
編集　勝浦基明




ISBN 978-4-909646-67-5